咚咚咚，
敲响化学的门

有趣的酸碱性

[韩国] 成蕙淑 著

[韩国] 白正石 绘 石安琪 译

译林出版社

我们生活在一个充满了水的世界。
到处都有水。

潺潺流淌的溪水，

淅淅沥沥的雨水，都是水。

那么，世界上所有的水都是一样的吗？

每个人都有自己的性格，
每种水也有着不一样的特性。

我们面前有两杯透明的水。

从外观上来看，它们没什么不同，

可它们真的完全一样吗？

虽然我们用肉眼看不出来，
但溶解在这两杯水中的物质不一样，
所以，这两杯水不一样。

泥土中的水，
也常常不一样。

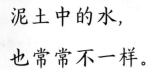

绣球花有白色的，也有蓝色和红色的。
就像变色龙一样会变色。
绣球花为什么会有不同的颜色呢？
因为土壤中的水不一样。

我们怎么样才能知道水里有什么呢？

是尝一尝，还是闻一闻？

这两种方法都不可以哦。

稍不注意，还会非常危险。

看起来一样的水，到底有什么不同呢？

"酸碱指示剂"能告诉我们答案。

这个办法安全又简单。英国科学家波义耳最先发现了它。

他将紫罗兰花瓣挤出的汁滴入不同的液体中，发现有的会变成红色，有的变成蓝色。

波义耳发现"酸性"的液体能使紫罗兰花瓣变红；"碱性"的液体能使紫罗兰花瓣变蓝。

这样，紫罗兰就能告诉我们水到底是"酸性"还是"碱性"的了。

除了紫罗兰，紫甘蓝、玫瑰、葡萄也能做成酸碱指示剂。

酸性物质和碱性物质，它们的味道和作用都很不一样。

橙子和酸奶，吃起来酸酸的，

泡菜和醋就更酸了。

因为它们都含有酸性物质。

我们平时吃的食物里含有的都是弱酸性物质，

强酸性物质可是绝对不能触碰或者品尝的哦。

酸性物质会使金属生锈。

如果金属门或者自行车长时间淋雨的话，就会生锈变色。

强酸性物质甚至可以腐蚀鸡蛋壳或小石块，

还能溶解埋在地下的石块，形成巨大的洞窟。

石灰

雨水里的酸性物质会进入土壤之中。

大气污染严重时，下的雨就是我们所说的"酸雨"。

酸雨会让土壤的酸性大大增强。

大部分植物都无法在这样的土壤中好好生长，

这时就需要在土壤中加石灰这一类的碱性肥料，

改变一下土壤性质。

当土壤中的酸性和碱性物质差不多时，

就会变成中性的。

如果液体含有碱性物质，它的味道会发苦。

"哎呀，呸！呸！"——肥皂水就是碱性的。

肥皂能把我们的身体清洗干净，

牙膏能消灭口腔里的细菌，

清洁剂能溶解堵住下水道的头发，

这是因为它们含有碱性物质，

能分解皮肤或毛发中的蛋白质。

有的东西很难闻，也是由于含有碱性物质。

比如鱼类等海鲜会散发出腥味，

就是这个原因。

我们在海鲜上挤一些柠檬汁，

就可以消除腥味了。

这是因为柠檬汁里含有酸性物质，

它和碱性物质相遇后，就会相互中和。

当酸碱达到平衡时，难闻的腥味也就消失啦。

那么，臭烘烘的便便也是碱性的吗？

吃的食物不同，便便的酸碱性也会不一样。

面包、面条吃得多，便便就是酸性的，

肉吃得多，便便就是碱性的。

小便一般都是中性的。

不过根据吃的食物的不同，

小便的酸碱性也会发生变化。

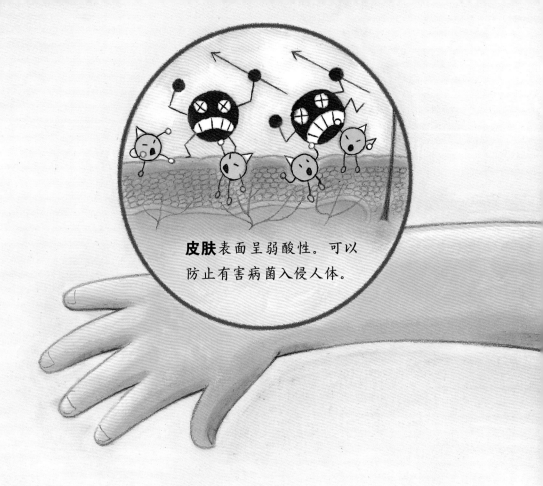

皮肤表面呈弱酸性。可以防止有害病菌入侵人体。

那么，我们一起来找找身体中的酸性和碱性物质吧。
人体的各个部位，或者偏酸性，或者偏碱性，
又或者是中性的。
我们的身体在努力保持酸碱的平衡，
守护我们的健康。

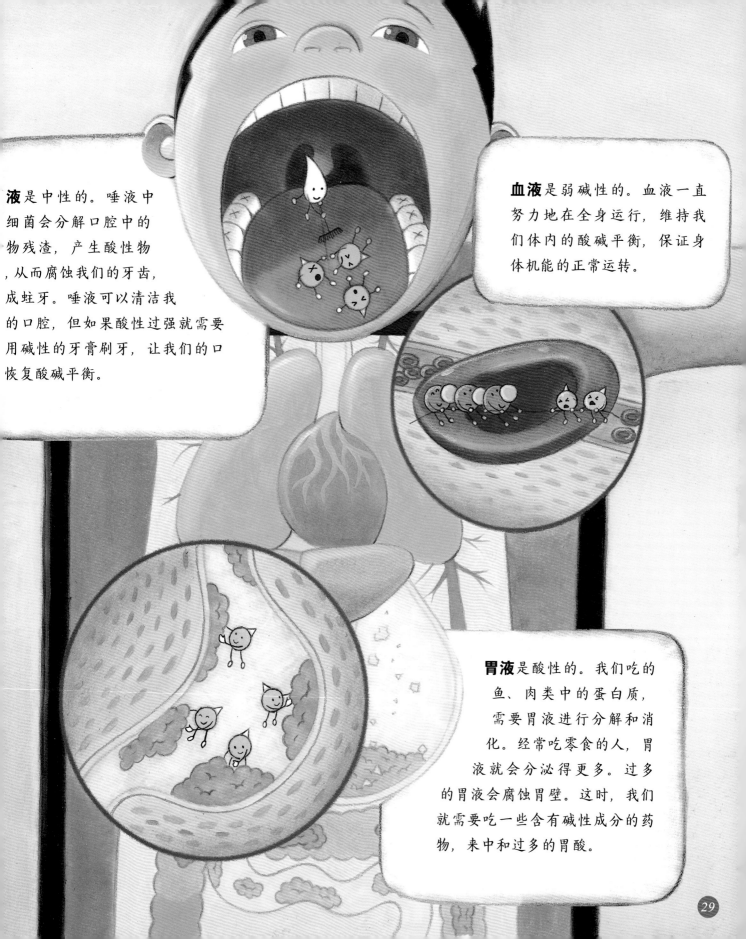

液是中性的。唾液中细菌会分解口腔中的物残渣，产生酸性物，从而腐蚀我们的牙齿，成蛀牙。唾液可以清洁我的口腔，但如果酸性过强就需要用碱性的牙膏刷牙，让我们的口恢复酸碱平衡。

血液是弱碱性的。血液一直努力地在全身运行，维持我们体内的酸碱平衡，保证身体机能的正常运转。

胃液是酸性的。我们吃的鱼、肉类中的蛋白质，需要胃液进行分解和消化。经常吃零食的人，胃液就会分泌得更多。过多的胃液会腐蚀胃壁。这时，我们就需要吃一些含有碱性成分的药物，来中和过多的胃酸。

回归本书开篇提到的问题：

从外观上来看，水没有什么不同。

但是，水里含有的成分不同，它们的性质也不相同。

我们用肉眼观察不到的微观世界真是很奇妙啊！

 # 做实验，了解酸性和碱性

我们身边的液体有酸性、碱性或中性的。利用这个特性，我们可以做一些有趣的小实验。

1. 制作信号灯

① 把玫瑰花瓣用水清洗干净，然后捣碎。将捣碎的玫瑰花瓣放入酒精中浸泡一会儿，捞出花瓣残渣，这样剩下的液体就是玫瑰指示剂。

② 将透着粉色光泽的玫瑰指示剂分装进两个干净的空瓶中。

③ 在其中一个指示剂瓶中加入3—4滴苹果汁。没有苹果汁的话，也可以用柠檬汁或者雪碧代替。盖紧盖子后，摇匀。

④ 在另一个指示剂瓶中加入3—4滴洗衣液。盖紧盖子后，摇匀。

红色信号灯制作完成

蓝色信号灯制作完成

2. 用指示剂制作神秘魔法画

① 在一个大碗中放入一把黑米，然后倒入热水。注意，一定不要被热水烫伤哦。黑米在热水中浸泡30分钟后，水会变成紫色，我们就得到了黑米指示剂。

② 在黑米指示剂中放入绘画纸，注意，整张绘画纸都要被指示剂打湿。

③ 将浸泡过的绘画纸摊开，在阴凉处晾干。

④ 纸张完全晾干后，用滴管蘸取雪碧、醋、苏打水、果汁等各种液体，将它们分别滴在纸上，就可以画出美丽的图画啦！

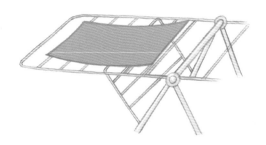

走进肉眼看不见的神奇世界

　　小时候，我看过一张地球的照片。我还记得，照片里的地球，在一片漆黑的宇宙中，闪烁着蓝色的光芒。长大后，在学校的科学课堂上，我知道那美丽的蓝光其实都是水。学习了更多的科学知识后，我了解到，覆盖在地球表面的水并不是我所理解的纯粹的水。咸咸的海水自不必说，就连看起来清澈、干净的饮用水中，也溶解了很多的其他物质。从天而降的雨水、潺潺流动的溪水也是这样的。从表面上看，水都是一模一样的。但其实，因为不同的水里会溶解不同的物质，所以，它们又是不同的。

　　地球的绝大部分表面都被水覆盖，人体的大部分也是由水构成的。水，在人体内流动，将养分输送到身体的各个角落，并将身体中的废弃物质排出体外。水在我们体内循环、流淌的过程中，会溶解或混合各种物质。因此，不同的身体器官中所含有的水的性质也各不相同。化学家们把它们分成了酸性、碱性和中性三大类。

　　水的性质不同，它们的味道、触感、用途也各不相同，这是自然界中的一个普遍认知。绣球花和紫罗兰生长在不同的土壤之中，土壤中的水性质不同，花的颜色也会不同。玫瑰花也是这样的，生长在酸

性土壤中的玫瑰会开出红色的花，而长在碱性土壤中的则会开出紫色的花。

动物们也会利用水的不同性质来帮助自己生存。蚂蚁会从屁股中喷出一种酸性物质，用来抵御敌人，保护自己。而为了捕食蚂蚁，啄木鸟的唾液就是碱性的。

我们的生活中也有很多利用酸碱性的例子。比如，染发剂就是一种能够溶解蛋白质的碱性药剂。而利用酸性物质可以腐蚀金属的原理，人们制造出了很多的酸性清洁剂，用来擦除金属锈迹。家里的泡菜如果吃起来太酸的话，不妨放入一些干净的贝壳试试。碱性的贝壳会中和掉过多的酸，减少泡菜的酸味。

我们用眼睛看到的，并不是这个世界的全部。肉眼看上去都一样的水，内在的性质却各不相同，说的就是这个道理。因为决定物质性质的，是用肉眼无法看见的、非常微小的某种存在。大家不觉得这很神奇吗？我作为老师，就是想要告诉各位小朋友，化学就是这么神奇，充满了趣味。

——作者　成蕙淑

图书在版编目（CIP）数据

咚咚咚，敲响化学的门. 有趣的酸碱性 ／（韩）成蕙淑著；（韩）白正石绘 ；石安琪译.—南京：译林出版社，2022.4
ISBN 978-7-5447-8987-5

Ⅰ.①咚… Ⅱ.①成… ②白… ③石… Ⅲ.①化学 – 少儿读物 Ⅳ.①O6-49

中国版本图书馆 CIP 数据核字（2021）第 264173 号

有趣的酸碱性（구리구리 똥은 염기성이야?）
Text © Seong Hye-suk   Illustration © Baek Jeong-seok

无处不在的化学变化（부글부글 시큼시큼 변했다, 변했어!）
Text © Kim Hee-jeong   Illustration © Cho Kyung-kyu

神奇的混合物（뿡뿡 방귀도 혼합물이야!）
Text © Yi Jeong-mo   Illustration © Kim I-jo

我们身边的固体、液体、气体（단단하고 흐르고 날아다니고）
Text © Seong Hye-suk   Illustration © Hong Ki-han

微小世界的原子朋友们（더더더 작게 쪼개면 원자）
Text © Kwag Young-jik   Illustration © Lee Kyung-seok

This edition arranged with Woongjin Think Big Co., Ltd. through Rightol Media Limited.
Simplified Chinese edition copyright © 2022 by Yilin Press, Ltd
All rights reserved.

著作权合同登记号   图字：10-2019-577 号

有趣的酸碱性 ［韩国］成蕙淑／著   ［韩国］白正石／绘   石安琪／译

审　　校　周　静
责任编辑　王　维
装帧设计　胡　苨
校　　对　孙玉兰
排　　版　陆　莹
责任印制　颜　亮

原文出版　Woongjin Think Big, 2012
出版发行　译林出版社
地　　址　南京市湖南路 1 号 A 楼
邮　　箱　yilin@yilin.com
网　　址　www.yilin.com
市场热线　025-86633278
印　　刷　新世纪联盟印务有限公司
开　　本　880 毫米 ×1230 毫米 1/16
印　　张　11.25
版　　次　2022 年 4 月第 1 版
印　　次　2022 年 4 月第 1 次印刷
书　　号　ISBN 978-7-5447-8987-5
定　　价　125.00 元（全五册）